Nwamaka U. Okafor

Computação baseada em políticas com o SELINUX

Nwamaka U. Okafor

Computação baseada em políticas com o SELINUX

ScienciaScripts

Imprint

Any brand names and product names mentioned in this book are subject to trademark, brand or patent protection and are trademarks or registered trademarks of their respective holders. The use of brand names, product names, common names, trade names, product descriptions etc. even without a particular marking in this work is in no way to be construed to mean that such names may be regarded as unrestricted in respect of trademark and brand protection legislation and could thus be used by anyone.

Cover image: www.ingimage.com

This book is a translation from the original published under ISBN 978-620-2-06854-3.

Publisher:
Sciencia Scripts
is a trademark of
Dodo Books Indian Ocean Ltd. and OmniScriptum S.R.L publishing group

120 High Road, East Finchley, London, N2 9ED, United Kingdom
Str. Armeneasca 28/1, office 1, Chisinau MD-2012, Republic of Moldova, Europe
Printed at: see last page
ISBN: 978-620-7-96161-0

Índice

RESUMO

Dado que a tecnologia está a evoluir cada vez mais rapidamente no nosso mundo atual, os computadores e os utilizadores de redes estão habilitados a realizar mais tarefas e a conseguir tantas coisas que pareciam impossíveis há alguns anos atrás, isto não deixa de ser uma tarefa correspondente para os administradores de redes, que têm de trabalhar arduamente para garantir que o seu sistema mantém um tempo de funcionamento constante para satisfazer as necessidades dos utilizadores, bem como trabalhar incansavelmente para garantir a segurança adequada dos sistemas e recursos informáticos. Os administradores estão constantemente a adicionar, remover e aplicar segurança a contas e grupos de utilizadores, a monitorizar recursos do sistema, a fornecer segurança a esses recursos, a fornecer suporte para aplicações e sistemas operativos, a verificar registos, a realizar auditorias de segurança e muito mais. Estas tarefas podem ser bastante exigentes para a maior parte dos administradores de sistemas, que também têm de combater hackers/atacantes incansáveis, incansáveis e maliciosos que estão empenhados em obter acesso não autorizado ao sistema/rede.

Os hackers/atacantes podem causar danos incalculáveis a um sistema se eventualmente conseguirem aceder a esse sistema, podem roubar dados confidenciais, como detalhes de cartões de crédito, números de segurança social, etc., podem comprometer o sistema e torná-lo uma base a partir da qual podem ser lançados ataques a outros sistemas, podem utilizar um servidor de correio eletrónico pirateado como retransmissor para spammers, podem mesmo chegar ao ponto de fazer com que um sistema/rede seja sub-repticiamente utilizado como servidor de IRC (conversação) ou para qualquer outra aplicação com grande consumo de largura de banda, que rouba desempenho ao servidor e à ligação à Internet, ou mesmo fazer do sistema um alvo de ataques DoS (Denial of Service) que tornam os servidores (de correio eletrónico ou da Web) e a ligação à Internet completamente inúteis.

No domínio da informática, a segurança sempre se centrou na proteção dos dados em trânsito contra alterações inesperadas, acesso não autorizado e indisponibilidade. Nos últimos anos, os investigadores têm efectuado pesquisas para identificar a melhor abordagem para proporcionar uma segurança adequada, na sequência do aumento do número de tentativas de ataques. Estes ataques, quando bem sucedidos, causaram sérios danos à reputação das organizações, enormes perdas financeiras e quebra da confiança do público. São muitos os obstáculos que as organizações, agências, governo ou mesmo indivíduos enfrentam quando tentam alcançar a segurança máxima, entre eles estão a existência de dependência da gestão dos sistemas de segurança da intervenção humana, que é um processo contínuo que aumenta o nível de dificuldade. Outro exemplo de obstáculos é o facto de os ataques aos sistemas informáticos serem cada vez mais sofisticados e de existirem várias deficiências nos actuais sistemas de segurança. Assim, o problema da gestão da segurança está a tornar-se mais complexo, pelo que é pertinente utilizar os recursos oferecidos pela computação baseada em políticas.

A computação baseada em políticas é uma das ferramentas que podem ser utilizadas para criar sistemas de autogestão (sistemas autónomos). Estes sistemas são capazes de se gerir a si próprios e de se reajustar dinamicamente para restabelecer o equilíbrio entre as políticas e os objectivos comerciais. Os sistemas autónomos possuem mecanismos que lhes permitem monitorizar, regular e controlar a si próprios, recuperando de problemas sem recorrer a ajuda humana.

A configuração manual das políticas pode revelar-se uma tarefa fastidiosa para os administradores de sistemas. Com a introdução de sistemas autónomos, os administradores apenas podem especificar políticas de alto nível e o sistema auto-adapta-se, sem intervenção humana.

Este projeto procura automatizar o processo de tomada de decisão de um sistema informático através da utilização de computação baseada em políticas para permitir que os sistemas habilitados para SELINUX tomem decisões apropriadas sobre a permissão ou negação de acesso a um utilizador, processos, objectos, etc., ou para bloquear completamente o acesso do utilizador, processo ou objeto ao sistema quando é detectada uma violação de segurança sem a interferência do administrador do sistema.

Palavras-chave: Computação baseada em políticas, Autonomia, Ágil, SElinux, Controlo de acesso, Segurança multinível

RECONHECIMENTO

É muito difícil realizar uma determinada tarefa sem o contributo de outras pessoas; este projeto não estará completo sem o meu reconhecimento às pessoas que contribuíram para o seu sucesso. Em primeiro lugar, agradeço a Deus Todo-Poderoso, que tornou possível a realização desta investigação. Em segundo lugar, agradeço ao meu orientador, Dr. Maurisz Pelc, que me guiou até à conclusão deste projeto, pela sua paciência para comigo durante a realização do mesmo.

Não deixarei de agradecer ao meu querido marido, Sr. Toochukwu .P Okafor, pelo seu apoio, tanto financeiro como de outra natureza, ao longo dos meus estudos. Aos meus dois anjos queridos, Marvel e Zaram, digo-vos obrigado.

CAPÍTULO 1

INTRODUÇÃO

1.1 Visão geral

Hoje em dia, a tecnologia tem continuado a avançar mais rapidamente, alterando a forma como as organizações utilizam as tecnologias da informação para partilhar informações e realizar as suas funções empresariais. O aparecimento de tecnologias disruptivas como a Internet das coisas, a computação em nuvem, a computação social, os veículos autónomos e a computação móvel da próxima geração têm um grande impacto na forma como vivemos e fazemos negócios.

No que diz respeito à segurança, a crescente sofisticação, escala e frequência dos ataques resultantes da proliferação de tecnologias de ponta na nossa sociedade aberta e orientada para as redes, juntamente com o desejo de adquirir e utilizar essas tecnologias de ponta para realizar mais tarefas, criou a necessidade urgente de as organizações avançarem rapidamente com as suas medidas de combate à segurança e repensarem as abordagens tradicionais. Devido às questões de segurança prementes e convincentes envolvidas, as organizações devem procurar elevar a segurança do sistema a uma prioridade de topo na sua estratégia de segurança organizacional.

Para acompanharem o ritmo e se manterem à frente dos riscos crescentes, as organizações têm de repensar as suas posturas de segurança dos sistemas no contexto de uma estratégia de gestão de riscos mais ampla e adotar uma abordagem mais rigorosa à segurança dos sistemas, uma medida de segurança que pode ser convenientemente considerada "inteligente", um sistema de segurança que pode tomar decisões autónomas com base em factores ambientais, uma vez que esta seria a solução para derrotar as actividades dos piratas informáticos e dos infiltrados mal-intencionados que se esforçam constantemente por encontrar brechas para penetrar nas redes e sistemas das organizações.

Embora a segurança da informação tradicional tenha sempre incluído áreas de prática relacionadas com a segurança da informação e dos sistemas, o mundo cibernético em que vivemos atualmente tornou-se cada vez mais ligado e cada vez mais crítico devido à nossa sociedade em rede. As fronteiras tradicionais das empresas, que constituíam a base para proteger o perímetro do mundo exterior, tornaram-se, por necessidade, cada vez mais porosas para suportar esta nova conetividade "sempre ativa", sem fios e omnipresente. (Grupo CGI, 2014)

A maioria das organizações enfrenta o desafio de determinar a forma de adotar tecnologias e tendências disruptivas, como "tudo ligado", computação móvel, social e em nuvem, gerindo simultaneamente os riscos que a realização de negócios no ciberespaço representa.

A segurança dos sistemas informáticos depende de uma série de factores ambientais: serviços, sistema operativo, nível de correção e, talvez o mais importante, configuração. Os serviços informáticos podem variar de uma simples edição de texto ou navegação na Internet a uma navegação por satélite ou visão robótica mais sofisticada. (Brandon P. et al, 2009)

Independentemente dos serviços prestados por um sistema informático, é sempre necessário um certo nível de garantia de segurança.

Num ambiente informático de grandes dimensões com elevados requisitos de segurança, pode ser muito difícil para os administradores de sistemas dedicar a atenção necessária para proporcionar uma quantidade razoável de segurança.

A segurança dos sistemas e dos recursos de rede sempre foi uma prioridade máxima em qualquer organização. As organizações não querem que os dados vitais sejam comprometidos e, por isso, podem ir mais longe para proteger os seus sistemas. Os administradores de sistemas têm, por isso, a pesada tarefa de configurar a rede e os sistemas da organização de modo a apresentarem a máxima segurança, que seria muito difícil de comprometer por qualquer forma de ameaça à segurança, como hackers, malware e qualquer aplicação vulnerável, uma tarefa que é sempre difícil para os administradores, especialmente nas grandes empresas.

Este facto motiva o desenvolvimento de um sistema que possa garantir a sua própria segurança. Este sistema de auto-defesa poderia ser configurado para fornecer e manter a segurança adequada por si próprio, sem qualquer intervenção do administrador do sistema. Quando se detecta um ataque ou se suspeita de uma violação da segurança, o sistema deve poder ajustar a sua configuração para se defender contra esse ataque, aumentando o seu registo e encerrando os serviços até que a ameaça tenha passado.

Muitos sistemas operativos utilizados atualmente apresentam um certo nível de segurança para proteger os utilizadores, os recursos dos processos, etc., de várias formas de ataques. No entanto, alguns destes sistemas operativos podem não ser capazes de se defender completamente contra ameaças internas e externas, uma vez que muitos deles não estão bem equipados com as ferramentas necessárias para monitorizar e controlar todos os aspectos das suas operações. O Linux utiliza o mecanismo de controlo de acesso discricionário (DAC) para controlar o acesso ao sistema. O mecanismo DAC é designado por discricionário porque o controlo do acesso se baseia na discrição do proprietário. O proprietário do objeto especifica quais os sujeitos que podem aceder ao objeto.

A maioria dos sistemas operativos, como o Windows, Linux e Macintosh, e a maioria das variantes do Unix baseiam-se nos modelos DAC.

Nestes sistemas operativos, quando um ficheiro é criado, o proprietário do ficheiro decide quais os privilégios de acesso a dar aos outros utilizadores; quando estes acedem ao ficheiro, o sistema operativo toma a decisão de controlo de acesso com base nos privilégios de acesso que o proprietário do ficheiro criou.

As decisões de acesso ao DAC baseiam-se apenas na identidade e na propriedade do utilizador, ignorando outras informações relevantes para a segurança, como o papel do utilizador, a função e a fiabilidade do programa ou a sensibilidade e integridade dos dados. Muitos serviços do sistema e programas privilegiados são executados com privilégios grosseiros que excedem em muito os seus requisitos, de modo que uma falha em qualquer um desses programas pode ser explorada para obter acesso completo ao sistema (Pelc, 2015)

Um verdadeiro sistema de auto-defesa deve ser capaz de se proteger contra ameaças internas e externas, o que é uma caraterística que falta a muitos sistemas operativos devido ao facto de não possuírem o mecanismo necessário para monitorizar e controlar completamente todos os aspectos das suas operações. No entanto, com o Security Enhanced Linux e outros sistemas operativos que utilizam o Controlo de Acesso Obrigatório, é possível conceber sistemas que são mais configuráveis do ponto de vista da segurança. Estes sistemas conscientes da segurança, juntamente com um programa de agente capaz de tomar decisões de segurança informadas, fornecem uma base sólida para sistemas de auto-defesa.

1.2 Segurança das redes e dos dados

A segurança da rede pode ser descrita como actividades concebidas para proteger uma rede. Especificamente, estas actividades protegem a capacidade de utilização, a fiabilidade, a integridade e a segurança de uma rede e dos dados. Uma segurança de rede eficaz visa uma variedade de ameaças e impede-as de entrar ou de se propagarem na rede (Cisco, 2016)

A proteção de dados sensíveis ou confidenciais é fundamental em muitas empresas. No caso de essas informações serem tornadas públicas, as empresas podem enfrentar ramificações legais ou financeiras. No mínimo, sofrerão uma perda de confiança dos clientes. No entanto, na maioria dos casos, podem recuperar estas perdas financeiras e outras perdas com um investimento ou indemnização adequados.

Por conseguinte, é da maior importância para qualquer organização proporcionar uma segurança adequada à sua rede e aos seus dados para evitar estas ocorrências prejudiciais.

Existem muitas ameaças que podem ser prejudiciais para uma rede e que podem também impedir o bom funcionamento das actividades de uma organização. Estas ameaças incluem, entre outras, as seguintes

i.   Vírus, worms e cavalos de Troia

ii.   Spyware e adware

iii.   Ataques de dia zero, também chamados de ataques de hora zero

iv.   Ataques de hackers

v.   Ataques de negação de serviço

vi.   Interceção e roubo de dados

vii.   Roubo de identidade

Esta é a razão pela qual eu decidi implementar um sistema de auto-defesa através do uso de computação baseada em políticas. O sistema implementado irá equipar o SELINUX com as capacidades de tomar decisões informadas em situações críticas de segurança, mesmo sem a interferência do administrador do sistema, escrevendo módulos de política personalizados e scripts para automatizar o processo de tomada de decisão do SELINUX.

1.3 . Motivação para o projeto

Nos últimos anos, tem havido uma elevada taxa de crimes informáticos. Todos os dias, ouvimos notícias tristes de como as organizações são pirateadas, tanto as grandes como as pequenas, ouvimos falar de milhões de libras perdidas devido a cibercrimes, também ouvimos falar de como os criminosos comprometem dados organizacionais, quer para obterem ganhos financeiros, quer para provarem o quão avançados são no hacktivismo, na maioria das vezes, as organizações afectadas não divulgam estes ataques ao público, provavelmente por receio de perderem a confiança do público, a maior parte das vezes a organização afetada não recupera realmente do efeito destes actos maliciosos e rapidamente vai à falência e, subsequentemente, encerra o seu negócio, de facto, muitas pequenas organizações em todo o mundo foram vítimas destes ataques e foram forçadas a sair do negócio. Para piorar estas questões, é muitas vezes difícil localizar os culpados, uma vez que podem estar a milhares de quilómetros de distância, penetrando remotamente na rede das pessoas, o que muitas vezes não ajuda os utilizadores. Os seres humanos foram identificados como o maior ativo de qualquer organização e, sendo os maiores activos, são também a maior ameaça. Muitas vezes, as actividades dos utilizadores permitem que os hackers obtenham acesso barato ao sistema. Ainda no ano passado (2015), ouvimos falar do chefe que concedeu uma entrevista à imprensa com a sua palavra-passe escrita num post-it e colada na parede mesmo atrás dele, em frente às câmaras. Muitas vezes, devido à falta de formação e de sensibilização adequada, os funcionários são vítimas de engenharia social, o que os leva a divulgar informações organizacionais sensíveis.

Tudo isto e muito mais estimulou em mim o desejo de conceber um sistema consciente do contexto que pode tomar decisões autónomas com base em determinados factores ambientais, mesmo sem a ajuda de um administrador de sistemas, que muitas vezes está sobrecarregado com a tarefa de garantir uma segurança adequada nas organizações. Estes administradores estão muitas vezes empenhados em garantir o que as organizações designam por "crítico", prestando pouca ou nenhuma atenção às "pequenas" coisas, como a correção do sistema, a monitorização das actividades dos utilizadores, etc. Assim, os hackers exploram o buraco criado por estas "pequenas" coisas para causar danos catastróficos à organização.

1.4   A computação autónoma em resumo

A computação autónoma pode ser definida como um modelo informático de autogestão, geralmente semelhante ao sistema nervoso autónomo dos seres humanos. Um sistema de computação autónoma seria capaz de controlar o funcionamento adequado de aplicações e sistemas informáticos sem qualquer intervenção humana, tal como o sistema nervoso autónomo controla e/ou regula o corpo humano sem qualquer intervenção consciente do indivíduo.

Na computação autónoma, o sistema autogere-se/auto-actualiza-se e apresenta comportamentos preventivos e proactivos para um desempenho optimizado. É mantido um nível de abstração e visibilidade entre o sistema autónomo e o utilizador, que não precisa de saber como o sistema autónomo executa as suas tarefas.

Enquanto as decisões biológicas são inconscientes e não foram programadas no sistema nervoso autónomo dos seres humanos, os sistemas de computação autónoma, por outro lado, têm políticas de alto nível escritas para eles por programadores e desenvolvedores para que possam agir automaticamente.

A computação baseada em políticas é uma das várias formas disponíveis de implementar um sistema autónomo.

Segundo a IBM, existem oito elementos cruciais de um sistema autónomo: deve ter a capacidade de se auto-configurar para se adaptar a condições ambientais variáveis e sem precedentes; deve ser capaz de detetar potenciais ameaças e de se proteger delas; deve ser capaz de se adaptar a condições ambientais em constante mudança; deve manter um conhecimento abrangente e específico de todos os seus componentes; deve monitorizar constantemente o seu próprio funcionamento; deve ser auto-curativo e capaz de encontrar formas alternativas de funcionar quando encontra problemas; deve antecipar a procura, mantendo-se transparente para o utilizador; e deve basear-se em normas abertas e não em tecnologias proprietárias.

O sistema de computação autónoma pode assumir várias formas, incluindo as enumeradas abaixo:

i.   Sistemas de auto-proteção: Estes tipos de sistemas podem proteger-se a si próprios de qualquer tipo de ameaça sem qualquer forma de intervenção humana. Para além de se poderem proteger de ataques maliciosos, este tipo de sistema também se protege dos utilizadores que inadvertidamente fazem alterações no software, por exemplo, modificando ou apagando um ficheiro importante. O sistema ajusta-se autonomamente para obter segurança, privacidade e proteção de dados.

ii.   Sistemas autoconfiguráveis: neste caso, o sistema de computação autónoma configura-se a si próprio de acordo com objectivos de alto nível, ou seja, especificando o que se pretende, mas não necessariamente o modo de o conseguir. Isto pode significar ser capaz de se instalar e configurar com base nas necessidades da plataforma e do utilizador. (Huebscher e McCann, 2008)

iii.   Auto-otimização: os principais factores em qualquer sistema são o desempenho e o custo, o sistema autónomo verifica regularmente as formas de melhorar o sistema e, se possível, reduzir o custo de manutenção, principalmente através da otimização da utilização dos recursos. Pode decidir iniciar uma alteração do sistema de forma proactiva (por oposição a um comportamento reativo) numa tentativa de melhorar o desempenho ou a qualidade do serviço.

iv.   Auto-recuperação: algumas organizações, como a IBM e outros fornecedores de TI, têm um grande departamento que tem a tarefa de diagnosticar, identificar e corrigir falhas. Os problemas graves dos clientes podem levar muitas semanas a serem diagnosticados e corrigidos por equipas de programadores. (Murch, 2004), pelo que se desperdiça muito tempo, trabalho e dinheiro em testes e correção de falhas, daí a necessidade de um sistema de auto-regeneração. O sistema de auto-regeneração identifica e corrige automaticamente as falhas sem necessidade de ajuda humana, proporcionando assim um elevado nível de estabilidade e segurança a uma rede e reduzindo drasticamente o tempo de inatividade da mesma.

CAPÍTULO 2

REVISÃO DA LITERATURA

2.1 Visão geral da computação baseada em políticas

A computação baseada em políticas pode ser descrita como um paradigma de software desenvolvido em torno do conceito de construção de sistemas autónomos que fornecem aos administradores de sistemas e aos decisores interfaces que lhes permitem definir princípios orientadores gerais e políticas para governar o comportamento e as interações de um sistema gerido (Lobo, 2007).

K. Appleby et al (2004), descreveram a computação baseada em políticas como um paradigma de software que incorpora um conjunto de tecnologias de tomada de decisões nas suas componentes de gestão, a fim de simplificar e automatizar a administração de sistemas informáticos. Segundo eles, uma parte significativa desta simplificação é conseguida permitindo que os administradores e operadores especifiquem as operações de gestão em termos de objectivos ou metas, em vez de instruções pormenorizadas que têm de ser executadas. Deste modo, é suportado um nível mais elevado de abstração, permitindo simultaneamente o ajustamento dinâmico do comportamento do sistema em funcionamento sem alterar a sua implementação.

A computação baseada em políticas é uma das muitas técnicas disponíveis utilizadas para implementar sistemas informáticos autónomos; é normalmente expressa em termos de algumas regras comportamentais a executar em determinadas situações. Os mecanismos baseados em políticas são também muito úteis para especificar o comportamento do sistema, por exemplo, ao especificar acordos de nível de serviço e, subsequentemente, monitorizar se esses acordos foram cumpridos. A configuração baseada em políticas é altamente versátil e geralmente aplicável num espaço de aplicação muito vasto. Quando comparadas com outras técnicas autonómicas, as políticas representam uma das soluções de menor risco e menor custo, porque a complexidade da sua implementação é relativamente baixa.

As políticas são um conjunto de regras que são normalmente armazenadas centralmente num repositório de dados de políticas. Relativamente a uma condição ambiental específica em tempo de execução, é selecionada e avaliada uma política específica.

Os ficheiros de configuração também contêm dados que podem ser utilizados em tempo de execução. Estes dados podem ser alterados quando necessário e, em seguida, a aplicação pode ser reiniciada. As políticas são semelhantes aos ficheiros de configuração, mas podem fornecer muito mais informações, podem ser mais complexas e dinâmicas do que os ficheiros de configuração.

Uma política pode mesmo referir-se a políticas e aplicações adicionais, conforme necessário, para resolver problemas avançados ou prever aplicações mais dinâmicas. (Appleby et al., 2004)

A Figura 1 ilustra um modelo simples de computação baseada em políticas aplicado à qualidade do serviço, à segurança ou mesmo ao aprovisionamento e à configuração.

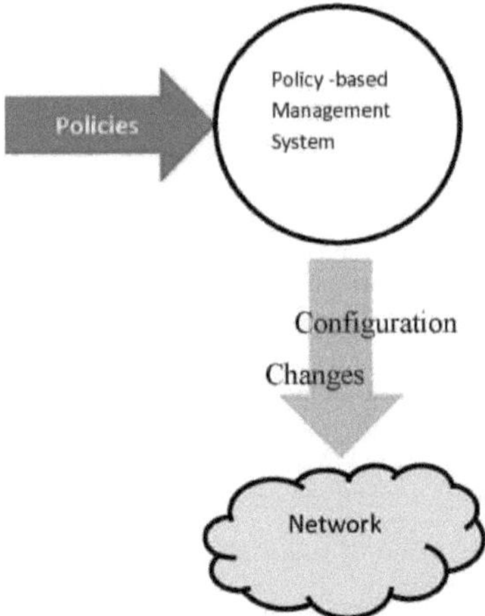

Figura 1: Modelo simples de computação baseada em políticas

As políticas são bastante simples de criar e aplicar, desde que o conjunto de regras que dependem de várias condições ambientais tenha sido bem especificado e definido.

Nos sistemas baseados em políticas, as decisões são especificadas como políticas no software. Este conceito é utilizado na gestão de computadores e é de grande ajuda para os administradores e utilizadores de sistemas em geral.

A figura abaixo mostra o quadro político geral.

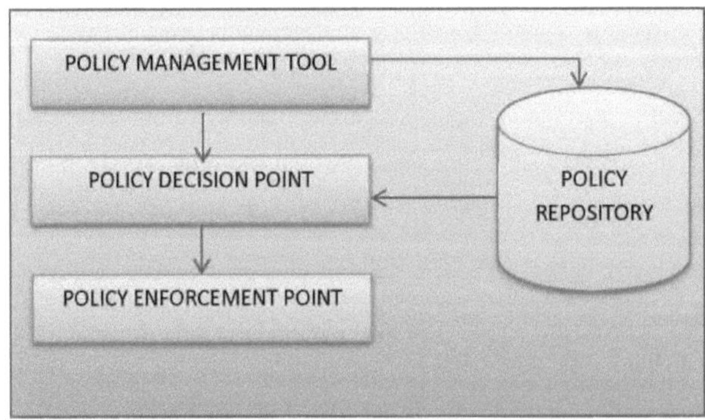

Figura 2: Quadro de política geral da IBM

" *A promessa da gestão baseada em políticas é que o funcionamento dos recursos informáticos pode ser orientado para seguir determinadas regras e configurado de forma dinâmica para que possam atingir determinados objectivos e reagir mais rapidamente ao seu ambiente*" (Lobo et al, 2003)

2.2 Importância das políticas

Gerir um grande número de aplicações utilizando ficheiros de configuração pode ser uma tarefa muito entediante. Um método mais estruturado de lidar com isto é organizar os dados num repositório de políticas centralizado. Assim, as tarefas de auditoria podem ser realizadas de forma mais eficaz, por exemplo, que aplicações estão a utilizar que políticas.

As aplicações também podem ser mais escaláveis com a utilização de políticas, porque as políticas dinâmicas podem ser partilhadas por processadores adicionais se for necessária mais capacidade de processamento. Além disso, diferentes partes de uma política ou grupos de políticas podem ser utilizadas por diferentes aplicações. Outra vantagem muito importante é o facto de as políticas poderem ser versionadas em função de novas versões de software, eventos especiais, horas de trabalho/horas livres, feriados e reação à carga da aplicação. (Grupo Colomar, 2006)

A computação baseada em políticas pode também ser implementada em sistemas antigos porque as políticas são distintas da aplicação e as alterações podem ser feitas sem afetar negativamente as funções originais da aplicação antiga.

2.3 A linguagem de expressão de políticas

A linguagem de expressão de políticas Agile é utilizada neste projeto para o desenvolvimento de políticas. Agile é um esquema de políticas sofisticado e integrado que inclui uma linguagem de expressão de políticas rica em recursos, uma biblioteca de implementação poderosa e uma interface de programação de aplicações fácil de usar. O esquema de políticas tem uma série de caraterísticas, incluindo as enumeradas abaixo:

> Modelo: Os modelos podem ser criados dinamicamente através de um mecanismo de persistência do estado da política, de modo a que o novo modelo sirva de "ponto de controlo" do estado atual adaptado e possa ser utilizado para "arrancar a quente" novas instâncias de política.

> Auto-adaptação dinâmica das políticas: Uma política pode alterar o seu próprio comportamento através da utilização de um sistema de endereçamento indireto ao nível da política-script, de modo a que as variáveis reais que são comparadas numa regra, ou a ação a seguir no resultado de uma determinada regra, possam ser alteradas dinamicamente.

> A linguagem da política é orientada para objectos, permitindo a reutilização de variáveis, regras e outros componentes. Por exemplo, várias acções podem fazer referência à mesma regra.

> As políticas podem transferir o controlo para outra política. Isto facilita a mudança dinâmica da política comercial ativa com base na adequação ao contexto de tempo de execução. (Richard, 2009)

2.3 A biblioteca de políticas

A biblioteca de políticas foi concebida para satisfazer requisitos como a fácil integração com os códigos antigos, a utilização por não especialistas em economia e a aplicabilidade genérica a uma vasta gama de domínios de problemas de aplicação. (Richard, 2006)

A interface da biblioteca foi concebida propositadamente para ser simples de utilizar. A linguagem da política é fortemente segura em termos de tipo, o que é complementado por uma poderosa validação interna da biblioteca e pela verificação semântica. Em particular, a distinção forçada entre variáveis internas e externas simplifica o mapeamento da lógica comercial nas especificações das políticas, ajudando assim os programadores de aplicações a concentrarem-se nos aspectos da lógica comercial sem se preocuparem com os mecanismos de auto-adaptação internos da biblioteca.

A interface suporta métodos flexíveis para definir objectos da interface aplicação-para-política (como ExternalVariables e ReturnValues) de forma neutra em termos de linguagem de programação. Os mecanismos da biblioteca suportam a auto-adaptação de políticas a longo prazo, uma vez que as InternalVariables podem ser mantidas (como um modelo) e utilizadas para configurar outras instâncias de políticas. A utilização de scripts XML para apresentar especificações de políticas promove ainda mais a interoperabilidade em sistemas heterogéneos.

A biblioteca de políticas oferece muitas funcionalidades. Oferece "uma poderosa validação interna da biblioteca e verificação semântica, distinção entre variáveis internas e externas e tratamento silencioso de conflitos/violações".

A biblioteca de políticas contém o seguinte:

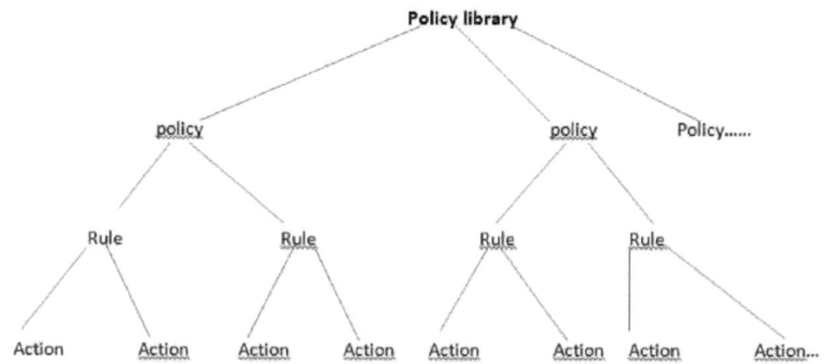

Figura 3: Componentes da biblioteca de políticas

2.4 Scripts de política Xml

As especificações de políticas e as definições de modelos são criadas e apresentadas como scripts XML bem formados para facilitar a leitura, a normalização e a interoperabilidade em ambientes heterogéneos, e para aplicar regras sintácticas e semânticas fortes. Um guião de política contém um conjunto de políticas (uma ou mais) do mesmo tipo (ou seja, abordam o mesmo problema de lógica empresarial). Quando uma aplicação incorpora vários tipos de políticas diferentes, é utilizado um ficheiro XML separado para cada tipo de política. Assim, existe um elemento de raiz "S" separado para cada tipo de política. Esta abordagem melhora a escalabilidade porque as políticas são armazenadas e utilizadas de forma modular.

2.5 Tipos de computação baseada em políticas

Existem basicamente três tipos principais de computação baseada em políticas, e cada um deles é descrito de acordo com a forma como executa ou processa o módulo de política.

Estático: Aqui, as regras de política são incorporadas de forma estática. A configuração do modelo é exposta e pode

ser modificado durante a execução.

Circuito aberto: Entre as execuções das aplicações, podem ser feitas alterações à política por entidades externas, como os seres humanos, quando identificam ou são notificados de uma potencial otimização da configuração.

Circuito fechado: Aqui, a política adapta de forma dinâmica e automática as suas próprias definições de modelo ou base de regras durante o processo de execução.

2.6 Vantagens da computação baseada em políticas

Normalmente, consegue-se um maior grau de simplificação quando os administradores podem especificar operações de alto nível em termos de objectivos e metas, em vez de detalharem todas as instruções que têm de ser executadas. Desta forma, é suportado um nível mais elevado de abstração, permitindo simultaneamente o ajustamento dinâmico do sistema em funcionamento sem alterar a sua implementação.

As diferentes empresas que estabelecem parcerias entre si para fornecer e utilizar serviços que proporcionam capacidades sinergéticas entre si podem ter um conjunto de políticas criadas para permitir a partilha de aplicações de dados entre elas. Desta forma, a empresa poupa dinheiro e reduz o esforço.

Quando comparada com outras formas de automatização, a computação baseada em políticas é menos dispendiosa porque não há muita complexidade na implementação das políticas.

Os ficheiros de configuração são normalmente bastante difíceis de gerir, especialmente quando existem muitos deles relacionados com diferentes versões de software de aplicação em execução em diferentes locais, mas com a presença de um armazenamento de políticas centralizado de ficheiros de configuração, estes ficheiros de configuração podem ser geridos mais facilmente.

As políticas são normalmente fáceis de integrar nas tecnologias e aplicações existentes; isto deve-se principalmente ao facto de as políticas funcionarem quase da mesma forma que os ficheiros de configuração e de os administradores de sistemas, programadores e organizações de apoio estarem muito familiarizados com os ficheiros de configuração.

As políticas simplificam o funcionamento da rede quando comparadas com a gestão de ficheiros de configuração em sistemas dispersos. Com as políticas, os métodos e as configurações tornam-se normalmente mais acessíveis às organizações de apoio, tornando o apoio mais eficaz e económico, o que reduz consideravelmente o tempo de inatividade quando é detectado um problema.

CAPÍTULO 3

ANTECEDENTES E TRABALHOS RELACIONADOS

3.1 Sistemas autónomos baseados em políticas

Basicamente, os sistemas baseados em políticas foram concebidos para apoiar a capacidade de reconfiguração em tempo de execução da lógica de tomada de decisões dos sistemas. A computação baseada em políticas descreve uma metodologia para incorporar o comportamento dinâmico em componentes de software.

De acordo com Podpora, M. et al. (2013), a vantagem mais importante deste tipo de componente de software reconfigurável em termos de políticas é o facto de o mau funcionamento de um dos subsistemas de aquisição de dados não impedir todo o sistema. Pelo contrário, permite o carregamento de outra política, para que os dados de entrada incompletos possam ser geridos. Um sistema deste tipo pode não ser a solução mais óptima, mas é muito mais fiável, uma vez que pode comunicar a avaria, sem deixar de executar todas as funções críticas. A computação baseada em políticas tem sido aplicada a sistemas de controlo informático que fornecem não só decisões lógicas booleanas mas também entradas e saídas difusas. Atualmente, a computação baseada em políticas é aplicada em muitos domínios, desde a tomada de decisões comerciais simples até à visão robótica mais complexa.

Os sistemas de controlo baseados em políticas são mais eficientes com a implementação da combinação de diferentes políticas de controlo (metapolítica). Isto torna-os mais fiáveis, o que pode ser ainda melhorado pela aplicação de "políticas de emergência" adicionais para a introdução de dados incompletos. A aplicação da computação baseada em políticas num sistema de controlo aumenta a fiabilidade e a estabilidade do sistema, mas o mais significativo é que permite a reconfiguração da lógica do sistema em tempo de execução. Nesse caso, o sistema não precisa de ser recompilado ou reinicializado.

3.2 Sistemas e políticas autónomas

Os sistemas autónomos podem funcionar a diferentes níveis abstractos. Nos níveis mais baixos, as capacidades e a gama de interação dos sistemas autónomos são limitadas e codificadas. A níveis mais elevados, os sistemas perseguem objectivos mais flexíveis, especificados com políticas, e as relações entre sistemas são flexíveis e mutáveis.

No seu trabalho, intitulado *"AnArtificial Intelligence Perspective on Autonomic Computing Policies "*

Kephart e Walsh (2004) propuseram um quadro unificado para as políticas de computação autónoma com base nas noções bem compreendidas de estados e acções. Neste quadro, uma política provoca, direta ou indiretamente, uma ação que transita o sistema para um novo estado. Kephart e Walsh identificaram três tipos de políticas de computação autónoma, que correspondem a diferentes níveis abstractos, como se indica a seguir:

1. **Políticas de ação:** este tipo de política especifica a ação que deve ser tomada quando o sistema se encontra num determinado estado atual. Idealmente, esta ação assume a forma de "SE (condição) ENTÃO (ação)", em que a condição especifica um estado específico ou um conjunto de estados possíveis que satisfazem todos a condição dada. Note-se que o estado que será atingido ao tomar a ação dada não é especificado explicitamente. Presumivelmente, o autor sabe qual o estado que será alcançado ao tomar a ação recomendada e considera este estado mais desejável do que os estados que seriam alcançados através de acções alternativas. Este tipo de política é geralmente necessário para garantir que o sistema está a apresentar um comportamento coerente.

2. **Políticas de objectivos:** as políticas de objectivos especificam um único estado desejado, ou um único ou vários critérios que caracterizam um conjunto inteiro de estados desejados, em vez de indicar exatamente o que fazer no estado atual. Implicitamente, qualquer membro deste conjunto é igualmente aceitável. Em vez de depender de um humano para codificar explicitamente o comportamento racional, como nas políticas de ação, o sistema gera o próprio comportamento racional a partir da política de objectivos. Este tipo de política permite uma maior flexibilidade e exonera os decisores políticos humanos da "necessidade de conhecer" os detalhes de baixo nível do funcionamento do sistema, ao custo de exigir algoritmos de planeamento ou de modelação razoavelmente sofisticados.

3. **Políticas de função de utilidade:** Uma política de função de utilidade é uma função objetiva que exprime o valor de cada estado possível. A função de utilidade apresenta políticas de objectivos num formato mais generalizado. Em vez de efetuar uma classificação binária entre estados desejáveis e indesejáveis, atribui uma desejabilidade escalar de valor real a cada estado. Uma vez que o estado mais desejado não é especificado antecipadamente, é calculado numa base recorrente, selecionando o estado que tem a maior utilidade a partir da coleção atual de estados viáveis. As políticas de função de utilidade fornecem uma especificação mais fina e flexível do comportamento do que as políticas de objetivo e de ação. Em situações em que várias políticas de objectivos entrariam em conflito, as políticas de função de utilidade permitem uma tomada de decisão inequívoca e racional, especificando o compromisso adequado. Por outro lado, as políticas de função de utilidade podem exigir que os autores das políticas especifiquem um conjunto multidimensional de preferências, que pode ser difícil de obter; além disso, exigem a utilização de modelação, otimização e possivelmente outros algoritmos.

3.3 autonomias baseadas em políticas atualmente

A computação baseada em políticas está a ganhar terreno nos dias que correm, em praticamente todos os sistemas, tendemos a encontrar alguma forma de automatismo, reduzindo a quantidade de trabalho realizado por humanos, minimizando os erros humanos e aumentando a eficiência. Além disso, o elevado custo da gestão de grandes instalações informáticas motivou um grande interesse em minimizar as intervenções humanas, tornando os sistemas autogeridos. Atualmente, muitas organizações procuram reduzir o peso das operações e da gestão informáticas, o que é evidente em algumas das mais recentes tecnologias inteligentes introduzidas por grandes empresas, como a computação autónoma da IBM, a infraestrutura adaptativa da HP e a iniciativa de sistemas dinâmicos da Microsoft. De facto, a computação autónoma está a ajudar a remodelar o nosso mundo, tornando a vida mais fácil para todos.

3.4 Arquitetura de um elemento autónomo

Um elemento autónomo é o elemento mais pequeno ou mais simples de uma aplicação ou de um sistema autónomo. Um elemento autónomo é um sistema de módulos de software independentes ou interfaces especificadas de entrada/saída e dependências explícitas de contexto. Tem capacidade de autogestão, uma caraterística que lhe permite executar as suas funções, exportar limitações, gerir o seu comportamento, de acordo com as condições ambientais e as políticas, e tem também capacidade de interação com outros elementos. As partes principais de um elemento autónomo são descritas a seguir:

Elemento gerido: É a unidade funcional de um sistema autónomo; é uma pequena aplicação que contém os códigos executáveis, como o programa e as estruturas de dados.

Exporta também as suas interfaces funcionais, o seu tratamento comportamental, os seus atributos comportamentais e as suas limitações. Em tempo de execução, o elemento gerido pode ser afetado de diferentes formas, por exemplo, pode deparar-se com uma falha, ficar sem recursos, ser atacado externamente ou cair num estrangulamento devido ao impacto de um mau desempenho (Muller, H. et al., 2006).

Ambiente: O ambiente representa todos os factores que podem afetar o elemento gerido. O ambiente e o elemento gerido podem ser vistos como dois subsistemas que formam um sistema estável. Qualquer mudança no ambiente altera todo o sistema e pode passar de um estado estável para um estado instável. Esta alteração é compensada por alterações reactivas no elemento gerido, fazendo com que o sistema retroceda de um estado instável para um estado estável diferente. É de observar que o ambiente é constituído por duas partes, interna e externa. O ambiente interno consiste em alterações internas ao elemento gerido, que reflectem o estado da aplicação/sistema. O ambiente externo mostra o estado do ambiente de tempo de execução.

Controlo: Cada elemento tem o seu próprio gestor autónomo. O utilizador define os requisitos especificados, como o desempenho, a tolerância a falhas, a segurança, etc. Em seguida, interroga o elemento e caracteriza o seu estado, detecta o estado global do sistema, define o estado do ambiente, utilizando a informação para controlar o funcionamento do elemento gerido, a fim de alcançar eficazmente os comportamentos especificados. Este processo de controlo é repetido continuamente durante todo o tempo de vida do elemento autónomo. Como mostra a Figura 4, a parte de controlo conhece dois circuitos de controlo: o circuito local e o circuito global. O circuito local só pode lidar com estados conhecidos do ambiente e baseia-se no conhecimento do elemento. O seu motor de conhecimento contém o mapeamento do estado do ambiente e do comportamento. Por exemplo, quando a carga no sistema local excede o valor máximo do limiar, o circuito de controlo local procura equilibrar o trabalho, quer carregando o controlo dos recursos locais pela sua disponibilidade e pelo elemento gerido, quer reduzindo a magnitude do problema tratado por este elemento. Isto só funcionará se os recursos locais puderem satisfazer os requisitos computacionais. No entanto, o circuito local é cego para o desempenho global de toda a aplicação ou sistema e, por conseguinte, não pode atingir os objectivos globais desejados. Em alguns casos em que todo o sistema será afetado, o circuito local continua a repetir a otimização local, o que pode levar à degradação do desempenho e resultar num comportamento subóptimo ou caótico. A dada altura, uma das variáveis essenciais do sistema pode exceder os seus limites. Neste caso, o circuito global entra em ação, o circuito global é capaz de lidar com estados desconhecidos, e os sinais ambientais podem envolver aprendizagem automática, inteligência artificial e/ou intervenção humana. Os elementos autónomos utilizam quatro pontos para a monitorização e análise dos elementos geridos. Como se pode verificar pela análise anterior, o paradigma da computação autónoma está intimamente relacionado com o paradigma da programação orientada para os agentes, que decorre de cinco tendências da computação, tais como a ubiquidade dos dispositivos informáticos, a crescente interligação entre eles, a crescente complexidade e inteligência dos sistemas, a atribuição de tarefas por parte destes sistemas e a tendência para ver os sistemas utilizarem níveis de abstração mais elevados.

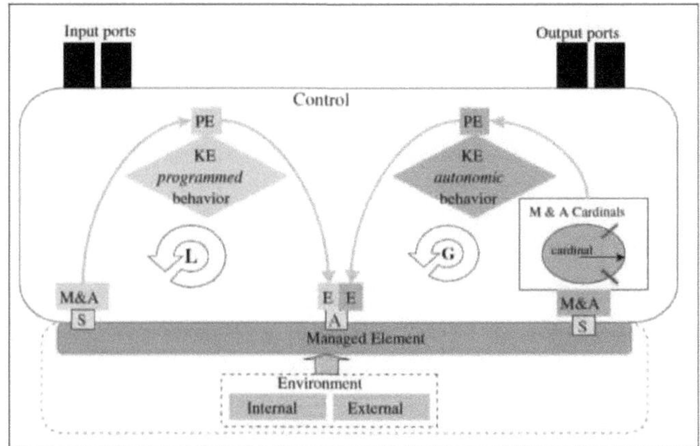

Figura 4: Computação autónoma

3.4 Implementando computação baseada em políticas com o SELinux

Nos últimos tempos, muitas organizações estão a optar por sistemas operativos Linux, provavelmente devido à sua flexibilidade, robustez e fácil integração com outras plataformas. Quando comparado com outros sistemas operativos, o Linux não deixa de oferecer a segurança adequada aos seus numerosos utilizadores. Com a implementação do SELinux (security enhanced Linux) no kernel do Linux, o sistema operativo Linux pode agora orgulhar-se da segurança máxima dos recursos e dados da rede.

Com a introdução do SELinux, não seria errado assumir que o sistema operativo Linux seria uma área proibida para os hackers, uma vez que a sua segurança seria estanque, mas infelizmente, não é assim. Embora o SELinux seja fornecido com muitas distribuições de Linux, não é instalado por defeito durante a instalação do sistema operativo Linux, daí que o administrador do sistema tenha de escolher se quer instalar o SELinux ou não.

Durante a minha pesquisa para este projeto, observei que muitos administradores de sistemas não estão familiarizados com o mecanismo SELinux, pelo que não o instalam nos seus servidores, e mesmo quando está instalado, simplesmente desactivam-no devido ao facto de não serem capazes de o configurar.

O SELinux apresenta muitas vantagens para os administradores de sistemas. Algumas delas são descritas abaixo

> Confina os utilizadores e as aplicações a um conjunto predefinido de privilégios mínimos: Isto reduz ou elimina totalmente o impacto causado por aplicações comprometidas ou mal configuradas e também permite que os utilizadores com privilégios de acesso elevados executem aplicações sem

receio de violar a integridade do sistema.

> A separação da política de segurança da aplicação permite que múltiplas políticas de segurança sejam desenvolvidas: As políticas do SELinux podem ser escritas em módulos, permitindo assim a personalização para atender às necessidades. Existem várias variantes de políticas que estão atualmente disponíveis no SELinux, estas incluem a política direcionada, política estrita, política MLS.

O SELINUX actua de acordo com as políticas predefinidas, normalmente, é o dever do administrador do sistema fazer alterações a estas políticas ou mesmo escrever novas políticas dependendo da necessidade específica.

Muitas vezes, a maioria dos administradores deixa essas políticas padrão como estão em sua rede, exceto aqueles que são muito proficientes com o aplicativo e que podem ajustar as configurações, embora, com as políticas padrão em vigor, o SELINUX ainda apresenta uma excelente segurança para a rede de uma organização. Mas, às vezes, seria necessário endurecer os servidores, impondo-lhes mais segurança para proteger melhor a rede de uma organização contra intrusos. Por exemplo, se um atacante/hacker tentar obter acesso à rede ou se um utilizador da rede tentar aceder a dados confidenciais, o administrador pode alterar as políticas para proteger melhor o sistema, permitindo determinados comandos, recursos, endereços IP, etc., à rede e negando outros.

É normalmente uma tarefa entediante por parte de um administrador de sistemas gerir sistemas/servidores, especialmente quando o administrador tem de escrever novas políticas, modificar políticas existentes e recarregá-las no kernel para se adaptarem a situações de segurança em qualquer altura, especialmente em grandes empresas onde o administrador está sobrecarregado com inúmeras tarefas. Por isso, estas razões motivaram-me a desenvolver um sistema que permitisse a um sistema Linux equipado com o mecanismo SELinux tomar decisões automáticas sobre se deve permitir, negar ou bloquear totalmente o acesso a um utilizador, aplicações ou processos em determinadas situações críticas de segurança, mesmo sem a interferência do administrador do sistema.

3.3 Segurança multi-nível SELinux

O termo multinível está normalmente associado às classificações de segurança da informação de confidencial, secreto e ultrassecreto.

Normalmente, os utilizadores devem receber as autorizações adequadas antes de serem autorizados a aceder a dados específicos. Por exemplo, as pessoas com autorização confidencial estão autorizadas a ver apenas informações confidenciais; não estão autorizadas a ver informações secretas ou ultra-secretas. As regras que se aplicam ao fluxo de dados operam dos níveis inferiores para os níveis superiores, e nunca o contrário. A Figura 8 ilustra este facto

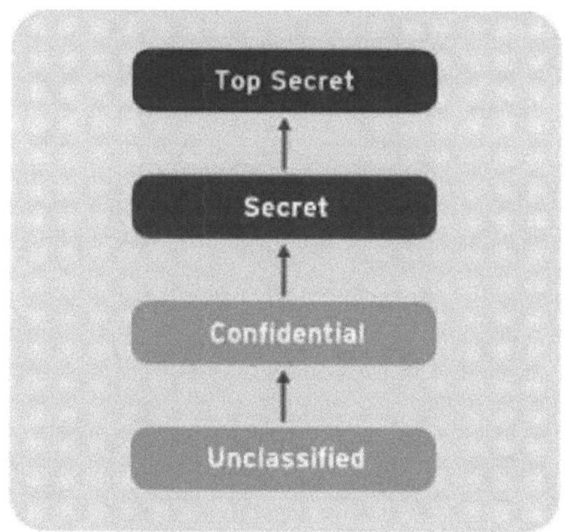

Figura 5: Níveis de segurança da informação

Os controlos de segurança multi-nível do SELinux trabalham em cima do mecanismo de aplicação de tipo do SELinux: Isto é feito avaliando primeiro os controlos de acesso discricionários e, em seguida, o mecanismo de aplicação do tipo SELinux e, finalmente, os controlos SELinux MLS. A combinação da imposição de tipos e controlos MLS nos sistemas SELinux permite um nível muito maior de granularidade do controlo de acesso do que os sistemas tradicionais apenas MLS. O SELinux, como a maioria dos outros sistemas que protegem dados multi-nível, usa o modelo Bell-La Padula (BLP). Este modelo especifica como a informação pode fluir dentro do sistema baseado em etiquetas anexadas a cada sujeito e objeto.

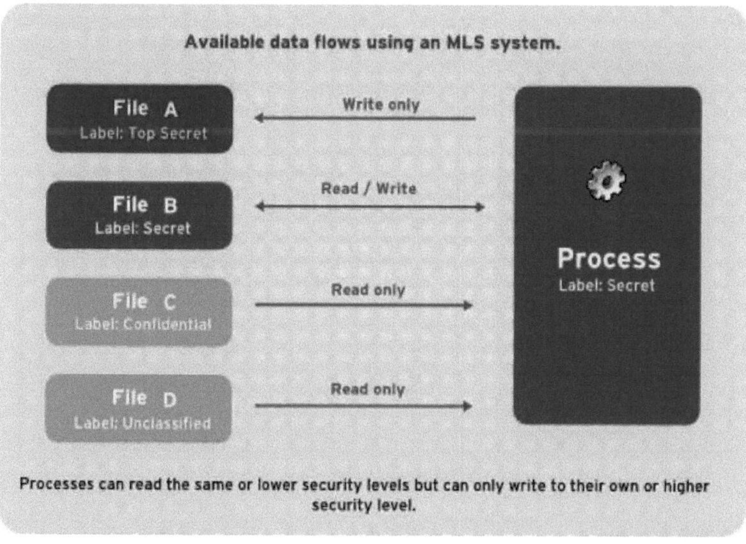

Figura 6: Fluxo de dados em sistemas de segurança a vários níveis

Num sistema deste tipo, os utilizadores, os computadores e as redes utilizam etiquetas para indicar os níveis de segurança. Os dados podem circular entre níveis semelhantes, por exemplo entre "Secreto" e "Secreto", ou de um nível inferior para um nível superior. Isto significa que os utilizadores de nível "Secreto" podem partilhar dados entre si e podem também obter informações de utilizadores de nível Confidencial (ou seja, de nível inferior). No entanto, os dados não podem fluir de um nível superior para um nível inferior. Isto impede que os processos do nível "Secreto" vejam informações classificadas como "Top Secret". Também impede que os processos de um nível superior escrevam acidentalmente informações para um nível inferior. Esta situação é designada por modelo "no read up, no write down".

As regras de acesso MLS são sempre combinadas com as permissões de acesso convencionais (permissões de ficheiros). Por exemplo, se um utilizador com um nível de segurança "Secreto" utiliza o Controlo de Acesso Discricionário (DAC) para bloquear o acesso de outros utilizadores a um ficheiro, este também bloqueia o acesso de utilizadores com um nível de segurança "Top Secret". Uma autorização de segurança mais elevada não dá automaticamente permissão para navegar arbitrariamente num sistema de ficheiros.

Os utilizadores com autorizações de nível superior não adquirem automaticamente direitos administrativos em sistemas de vários níveis. Embora possam ter acesso a todas as informações no computador, isso é diferente de ter direitos administrativos.

3.4 Controlo de acesso baseado em funções SELinux

As funções SELinux são definidas por uma lista de domínios acessíveis, a função atual do utilizador restringe o utilizador a um conjunto pré-determinado de domínios. Normalmente, os utilizadores podem transitar entre as funções que lhes são atribuídas: as transições podem ocorrer automaticamente através de políticas ou manualmente através de ferramentas e reautenticação.

Os utilizadores SELinux são definidos por uma lista de funções acessíveis. Normalmente, os utilizadores SELinux são separados dos utilizadores do sistema, embora muitos utilizadores do sistema possam partilhar o mesmo utilizador SELinux, o utilizador SELinux mapeia um utilizador do sistema para um conjunto de papéis, mas não é possível para um utilizador do sistema fazer a transição entre utilizadores SELinux em tempo real.

3.5 Segurança com SELinux

Sven Vermeulen (2013, SELINUXpolicy administration) afirmou que administradores experientes e engenheiros de segurança já sabem que eles precisam ter algum nível de confiança nos usuários e processos em seu sistema para que o sistema permaneça seguro. De acordo com ele, parte disso é porque os utilizadores podem tentar explorar vulnerabilidades no software que corre no sistema, mas uma grande parte é porque o estado seguro do sistema depende do comportamento dos utilizadores. Um utilizador de Linux com acesso a informação sensível pode facilmente divulgá-la ao público, manipular o comportamento da aplicação que lança e pode fazer muitas outras coisas.

O SELinux fornece um controlo de acesso adicional em cima do mecanismo tradicional do Linux DAC, fornece o mecanismo de controlo de acesso obrigatório que, ao contrário da sua contraparte DAC, dá ao administrador do sistema o controlo total sobre o que é permitido e o que não é permitido no sistema. Isto é conseguido através do suporte a uma abordagem orientada por políticas sobre quais processos são ou não são permitidos, e aplicando esta política através do kernel Linux.

No SELinux, o controlo de acesso é imposto pelo sistema operativo e definido apenas pelo administrador do sistema. Os utilizadores e processos que não têm permissão para alterar a regra de segurança não podem contornar o controlo de acesso; a segurança já não é deixada ao critério do utilizador.

SELinux segue o modelo de privilégio mínimo mais de perto. Por defeito, tudo é negado e depois são escritas uma série de políticas de exceção que dão a cada elemento do sistema (serviço, programa ou utilizador) apenas o acesso necessário para funcionar. Se um serviço, programa ou utilizador tentar posteriormente aceder ou modificar um ficheiro ou recursos não necessários para o seu funcionamento, então o acesso é negado e a ação é registada.

3.6 SELinux e políticas

O SELinux é uma implementação típica de uma arquitetura MAC flexível e refinada chamada Flask no kernel Linux e pode ser usado em conjunto com o controlo de acesso discricionário para implementar um controlo efetivo sempre que um sujeito pede para aceder a um objeto [4]. O SELinux pode aplicar uma política de segurança definida administrativamente sobre todos os processos e objetos no sistema, baseando as decisões em etiquetas que contêm uma variedade de informação relevante para a segurança. Para demonstrar a arquitetura, o SELinux fornece um exemplo de servidor de segurança que implementa uma combinação de Type Enforcement (TE), Role-Based Access Control (RBAC), e opcionalmente Multi-Level Security (MLS). Estes modelos de segurança fornecem uma flexibilidade significativa através de um conjunto de ficheiros de configuração de políticas

A política é um conjunto de regras que orienta o motor de segurança SELinux, define tipos para objectos de ficheiros e domínios para processos. usa papéis para limitar os domínios que podem ser introduzidos, e tem identidades de utilizador para especificar os papéis que podem ser alcançados. Um domínio é como um tipo é chamado quando é aplicado a um processo.

Um tipo é uma forma de agrupar itens semelhantes com base na sua semelhança fundamental em termos de segurança. Isto não tem necessariamente a ver com o objetivo único de uma aplicação ou com o conteúdo de um documento. Por exemplo, um objeto como um ficheiro pode ter qualquer tipo de conteúdo e servir para qualquer finalidade, mas se pertencer a um utilizador e residir no diretório pessoal desse utilizador, é considerado como sendo de um tipo de segurança específico, user_home_t.

Estes tipos de objectos ganham a sua semelhança porque são acessíveis da mesma forma pelo mesmo conjunto de sujeitos. Da mesma forma, os processos tendem a ser do mesmo tipo se tiverem as mesmas permissões que outros sujeitos. Na política de destino, programas que rodam no domínio unconfined_t têm um executável com um tipo como sbin_t. Do ponto de vista do SELinux, isso significa que eles são todos equivalentes em termos do que eles podem e não podem fazer no sistema.

A política define várias regras que dizem como cada domínio pode aceder a cada tipo. Só é permitido o que é especificamente permitido pelas regras. Por defeito, cada operação é negada e auditada, o que significa que é registada em $AUDIT_LOG, tal como /var/log/messages. A política é compilada em formato binário para ser carregada no servidor de segurança do kernel e, à medida que o servidor de segurança toma decisões, estas são armazenadas em cache no AVC para desempenho.

A política pode ser definida administrativamente, quer modificando os ficheiros existentes, quer adicionando ficheiros TE locais e ficheiros de contexto de ficheiros à árvore de políticas. Essa nova política pode ser carregada no kernel em tempo real.

Caso contrário, a política é carregada durante o arranque pelo init. Em última análise, cada operação do sistema é determinada pela política e pela etiqueta de tipo dos ficheiros.

CAPÍTULO 4

IMPLEMENTAÇÃO E METODOLOGIA

A implementação deste projeto foi realizada utilizando a linguagem de programação C e a linguagem de políticas Agile. A linguagem de expressão de políticas Agile foi utilizada para escrever as políticas que o sistema utiliza para tomar decisões autónomas. A biblioteca Agile lite permite que o sistema tome decisões ao possibilitar a criação de um ponto de decisão (DP). Um PD é uma abstração de um local numa aplicação ou código de programa em que é necessária uma decisão alterável em tempo de execução.

O script de política declara dois tipos de variáveis: Variáveis internas e Variáveis de ambiente.

As variáveis de ambiente são verificadas em relação a variáveis internas pré-inicializadas ou a valores constantes especificados no modelo. De acordo com as várias comparações, são executadas as acções apropriadas. As variáveis de ambiente representam o estado do sistema num determinado momento. Este estado do sistema é determinado pelo estado dos recursos do sistema num determinado momento.

Alguns recursos do sistema foram monitorizados para determinar o seu estado. Os recursos monitorizados incluem

i.   O número de pacotes enviados e recebidos através da interface etherneth0

ii.   ONúmero total   de processos atualmente em execução no sistema

iii.   O   tempo de atividade da CPU   do sistema

iv.   AQuantidade   de tempo gasto em processos inactivos

v.   A   carga média   no servidor nos últimos 5 minutos

vi.   O valor da memória utilizada

vii.   O valor da memória de troca

viii.   ID do processo de execução e

ix.   O   status doelinux

Os valores destes processos monitorizados foram transmitidos à   política   como   variáveis   ambientais, representando o estado do sistema. Estes valores foram então comparados com as variáveis internas correspondentes (comportamento/estado aceitável do sistema num determinado momento), o valor destas variáveis internas foi especificado no modelo, por exemplo "Tl"

Com base no que é aceitável (ou seja, se o estado do sistema/variável ambiental estiver dentro do intervalo aceitável quando comparado com a variável interna), o sistema toma uma decisão sobre se deve permitir ou bloquear determinada tentativa de obter acesso ao sistema.

O sistema regista o evento e alerta o administrador enviando uma mensagem de correio eletrónico para o endereço de correio eletrónico do administrador.

A linguagem de expressão de políticas Agile é uma linguagem de expressão simples e fácil de utilizar para escrever políticas; proporciona um comportamento de configuração em tempo real e sensível ao contexto em sistemas incorporados. De acordo com Richard J, et al (2008), o software foi propositadamente concebido para ter poucos recursos, incluindo uma pequena área de memória. A intenção original para o desenvolvimento da linguagem de política Agile é torná-la disponível para utilização pelos criadores de software para permitir a reconfiguração pós-implementação de componentes e serviços de software.

4.1 Escolha da língua

A linguagem de programação C foi o meu programa de eleição para desenvolver esta aplicação. Existem muitas razões pelas quais optei por desenvolver a aplicação com C. A linguagem C é uma linguagem de programação estruturada e um bloco de construção para muitas outras linguagens conhecidas, como c++, c# e Java. É portátil, no sentido em que um programa escrito em C para um computador pode ser executado noutro computador com poucas ou nenhumas alterações. Sendo C um programa poderoso, a sua força deriva das funções incorporadas, que podem ser utilizadas para desenvolver programas. Além disso, o C tem a capacidade de se alargar a si próprio. O programa C é basicamente uma coleção de funções que são suportadas pela biblioteca C, o que facilita aos programadores a adição das suas próprias funções à biblioteca C. Devido à disponibilidade de um grande número de funções, a tarefa de programação torna-se simples.

O programa implementado tem o nome de main1.c e foi compilado no código de bytes main

4.2 Discussão e análise dos resultados

O resultado deste projeto demonstra que um sistema informático pode tomar decisões autónomas seguindo algumas regras de política. A aplicação contém códigos para controlar o comportamento do sistema. Primeiro, o sistema é monitorizado através da observação das suas actividades, como por exemplo, quem está atualmente ligado ao sistema, que processos estão a correr no sistema, qual é a carga no processador do sistema durante um período de tempo, quanta memória o sistema tem disponível, qual é o estado atual do security enhanced linux (selinux), se está ativado ou desativado, se está ativado, se é obrigatório ou permissivo.

O valor assim obtido a partir dos processos monitorizados acima é então armazenado na variável de ambiente, uma vez que é o contexto que representa o estado do ambiente do sistema nesse momento. Estas variáveis de ambiente são então transmitidas à política. Um ponto de decisão, DP contido na gramática Agile, é utilizado pela política ao comparar estas variáveis de ambiente com a variável interna correspondente especificada (por exemplo, a variável de ambiente que representa o valor dos pacotes recebidos na interface de rede ethernet0 do sistema é "packetReceived", enquanto a variável interna correspondente é "maxReceive").

Se a variável de ambiente (packetReceived, neste caso) exceder o valor máximo especificado pela variável interna (ou seja, maxReceived), suspeita-se que possam estar a decorrer actividades ilegais, por exemplo, um número muito elevado de pacotes recebidos através da interface de rede pode denotar um ataque de negação de serviço, pelo que, neste caso, a política devolve um valor de "3" como valor de retorno, representando este valor Maximumsecurity. O valor MaximumSecurity fará com que seja executada uma MaximumSecurity Action. A aplicação define o que deve ser feito quando o valor maximumSecurity é devolvido, no meu programa, todo o tráfego FTP de entrada é eliminado, todos os pedidos de ping ICMP são eliminados, o acesso aos ficheiros do utilizador é restringido, a ligação ao facebook e ao yahoo é negada.

Se a variável Ambiente for inferior ao valor máximo, presume-se que não existe ameaça de ataque DOS. Neste caso, a política passa o controlo para a regra seguinte e a regra subsequente é então avaliada. O ciclo continua nesta ordem até que todas as regras tenham sido avaliadas.

Assim, se qualquer uma das regras devolver um valor de "3", a ação "segurança máxima" é executada e não são efectuadas mais verificações, uma vez que a avaliação da política termina aí. Se, no entanto, a regra anterior não devolver um "3", são efectuadas mais avaliações, uma vez que a regra seguinte é avaliada. Se, após a avaliação de todas as regras, nenhuma das regras devolver um valor de "3", a política devolve um valor de retorno de "2" e é aplicada uma ação de segurança média.

A captura de ecrã do programa é mostrada abaixo, como se pode ver na captura de ecrã, com a ajuda da biblioteca Agile-lite, a política "mypolicy.xml" é carregada, analisada e certificada com êxito. Os diferentes recursos são então monitorizados e os seus estados capturados, a avaliação é então feita, realizando uma verificação completa do intervalo de contexto, a política é avaliada, avaliando as regras e executando a ação apropriada.

```
amaka@localhost:/home/amaka/Project
File Edit View Search Terminal Help
[root@localhost Project]# ./main1
----------- Loading script <"mypolicy.xml"> -----------
----------- <"mypolicy.xml"> script loaded successfully -----------
----------- DP:<"dp1"> loading policy -----------
----------- DP:<"dp1"> parsing policy -----------
----------- DP:<"dp1"> parsing completed -----------
----------- DP:<"dp1"> load OK -----------
The current logged on user ID: 0
The no of pkts received by eth0 interface: 182913
The no of pkts transmitted by eth0 interface: 98912
The no of processes running on the server:258
The CPU uptime of the server(secs):13549.74
The Amount of time spent on idle processes:33127.41
The Average load on server in the past 5 minuites:0.03
The value of the used memory is:392024
The value of the total swap memory(KB):2031608
The PID of the last running process:30138
The SELINUX status is:Enforcing
----------- DP:<"dp1"> evaluation -----------
----------- DP:<"dp1"> context range check -----------
----------- DP:<"dp1"> policy evaluation -----------
        -->Evaluate Policy: "Policy1"<--
        -->Evaluate Template: "T1"<--
        -->Execute Action: "CheckPackets"<--
```

Figura 7: Execução do programa, carregamento de políticas e avaliação

A figura abaixo mostra as acções executadas e as regras correspondentes avaliadas, juntamente com o valor de retorno.

A lista de todas as acções que ocorrem no sistema com base no valor devolvido é apresentada de acordo com os valores exibidos no ecrã para este caso, todos os pedidos de ping ICMP de entrada e de saída são negados, o que significa que o sistema em questão não poderia aceitar ping, nem o sistema pode fazer ping a qualquer outro sistema, também, FTP, telnet estão bloqueados no sistema, os utilizadores do sistema também não podem aceder ao yahoo e ao facebook.

```
amaka@localhost:/home/amaka/Project
File Edit View Search Terminal Help
        -->Evaluate Rule: "PacketsCheck"<--
        -->Execute Action: "CheckProc"<--
        -->Evaluate Rule: "procCheck"<--
        -->Execute Action: "CheckUser"<--
        -->Evaluate Rule: "userCheck"<--
        -->Execute Action: "CheckMemory"<--
        -->Evaluate Rule: "memoryCheck"<--
        -->Execute Action: "Checkselinuxstat"<--
        -->Evaluate Rule: "selinuxstatCheck"<--
        -->Execute Action: "MaximumSecurityAction"<--
        -->Evaluate ReturnValue: "MaximumSecurity"<--
0.000315
DP:<dp1> return value -->3
Maximum Security Configuration will be Applied
Incoming ICMP request is denied
Forwarding ICMP request is dropped
Incoming FTP connection is blocked
outgoing FTP connection is blocked
Incoming TELNET request is denied
Incoming SSH traffic is dropped
Outgoing connection to facebook is blocked
Outgoing connection to yahoo is blocked
Incoming FTP traffic from all Network are dropped
Context list for DP[dp1]:
```

Figura 8: Captura de ecrã que mostra a ordem de execução da ação e de avaliação da regra

A captura de ecrã abaixo mostra as listas de contexto para o ponto de decisão, ou seja, as listas de todas as variáveis que foram verificadas antes de o ponto de decisão devolver um valor.

Figura 9: Captura de ecrã com listas de contexto para o ponto de decisão

O administrador é então alertado, é enviada uma mensagem de correio eletrónico para o seu endereço de correio eletrónico, esta mensagem é gerada automaticamente pelo programa

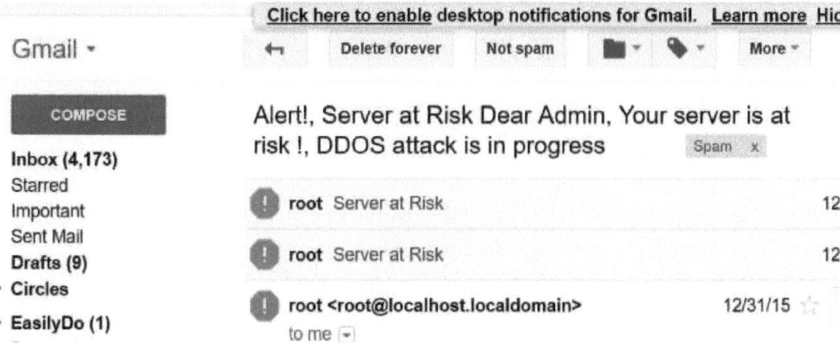

Figura 10: Um excerto de um alerta para o administrador do sistema

CAPÍTULO 5

AVALIAÇÃO CRÍTICA

O principal objetivo deste projeto era desenvolver uma aplicação que ajudasse a reduzir o stress por parte dos administradores de sistemas, que normalmente estão sobrecarregados com muitas tarefas, tais como monitorizar o desempenho e a segurança da rede, garantindo a manutenção de uma segurança adequada para impedir o acesso não autorizado a um sistema ou rede. O projeto visa conceber e implementar um sistema que permita a um sistema informático tomar decisões adequadas por si próprio, sem qualquer tipo de ajuda humana. Espera-se que o projeto permita que um sistema monitorize o seu ambiente e, com base nas condições ambientais e na política especificada, tome a decisão adequada de permitir ou não o acesso de um utilizador ou de um processo ao sistema e aos recursos do sistema, etc.

O programa foi concebido utilizando a linguagem de expressão de política ágil, para especificar variáveis internas, ou seja, condições aceitáveis, utilizando modelos para especificar valores constantes para as ivariáveis. Foram especificadas as regras da política e um conjunto de acções correspondentes a realizar após a avaliação das regras. As variáveis externas, como o estado atual do sistema, foram transmitidas à política, sendo a variável de ambiente comparada com as variáveis internas e as acções tomadas com base no valor devolvido pela política.

Por exemplo, no projeto, os pacotes enviados e recebidos através da interface ethernet0 foram constantemente monitorizados, uma vez que um aumento no número de pacotes enviados e recebidos através de uma interface pode indicar que um atacante DOS está eminente. Os resultados obtidos foram passados para a política, que os compara com os números máximos aceitáveis de pacotes esperados através dessa interface, se houver uma diferença significativa, o sistema decide descartar todos os pacotes dessa porta e esperar até que o ataque passe, quando o número de pacotes ou tráfego dessa porta seria reduzido. Outros recursos e comportamentos importantes do sistema foram monitorizados, como os enumerados na secção 4.1, e os resultados assim obtidos foram transmitidos à política que avalia uma determinada regra com base nestes parâmetros e toma as decisões adequadas.

O sistema regista o evento e envia um alerta ao administrador do sistema, informando-o de uma tentativa de hackers ou programas maliciosos de obter acesso não autorizado ao seu sistema.

Embora o programa cumpra os objectivos especificados anteriormente, faltam-lhe algumas funcionalidades, por exemplo, existe apenas um ficheiro de política que especifica as regras e acções a tomar pelo sistema sob determinadas condições, o que acontece na situação em que ocorre um evento que não foi especificado no conjunto de regras e acções? o que fará o sistema nesse cenário?

a solução será ter várias políticas (relativamente simples) espalhadas pela lógica do programa, em vez de ter uma única política monolítica que é relativamente complexa e, por isso, não escala tão bem e é mais difícil de testar e validar. (Anthony, R. et al, 2008), o programa também envia um alerta para o endereço de correio eletrónico do administrador, mas e se o administrador não estiver disposto a verificar o seu correio eletrónico nessa altura? uma melhor opção seria enviar o alerta para o telemóvel do administrador, ou melhor ainda, uma chamada de voz automática seria uma melhor opção.

CAPÍTULO 6

CONCLUSÃO E RECOMENDAÇÕES

Os numerosos benefícios oferecidos pela computação baseada em políticas, especialmente no nosso mundo saturado de alta tecnologia, não podem ser enfatizados em demasia,

Esta aplicação, que foi concebida com o objetivo de reduzir a tarefa dos administradores de sistemas de gerir e garantir a segurança adequada dos sistemas ou de eliminar completamente os serviços humanos para garantir a segurança adequada, pode ser considerada muito adequada, especialmente agora que as violações da segurança estão no auge devido ao aparecimento de ferramentas de tecnologia da informação mais sofisticadas. Para além do facto de estas ferramentas de TI terem muitos benefícios para a raça humana, também causaram muitas dificuldades incalculáveis à humanidade, por exemplo, uma organização que tenha a sua base de dados pirateada corre um grande perigo, uma vez que o resultado pode levar à falência da organização.

Este projeto fornece uma aplicação que oferece mais segurança aos sistemas informáticos. Com a aplicação desenvolvida, um computador pode tomar as suas próprias decisões e agir de forma a proteger-se a si próprio, aos dados que contém e aos processos que executa, sem qualquer intervenção ou assistência humana. Toma decisões exclusivamente com base nas políticas fornecidas.

Uma funcionalidade importante fornecida pela aplicação é a sua capacidade de permitir a monitorização do ambiente do sistema, por exemplo, vários recursos do sistema foram monitorizados, o comportamento do sistema é capturado nos valores obtidos a partir destes processos monitorizados, estes comportamentos são então comparados com um padrão, o comportamento normal esperado, se um comportamento inaceitável é visto, uma ação é tomada para eliminar a causa do comportamento irracional.

A aplicação emprega a utilização de políticas, as regras de política são avaliadas e é devolvido um valor. Com base no valor devolvido, o computador toma uma ação adequada para proporcionar mais segurança. O sistema regista os eventos e alerta o administrador. Estes registos e alertas podem então ser analisados e utilizados pela administração e pelos decisores políticos da organização para tomar decisões informadas sobre a aplicação de políticas e diretrizes adequadas aos seus trabalhadores, de modo a que estes se mantenham seguros enquanto utilizam as ferramentas das tecnologias da informação para realizar o dia a dia da sua atividade.

Esta aplicação é, por conseguinte, recomendada para utilização por indivíduos e organizações que procuram manter uma segurança adequada dos seus sistemas e servidores, reduzindo simultaneamente os custos e eliminando as falhas que podem surgir da administração da segurança informática por seres humanos.

6.1 Recomendações para trabalhos futuros

Embora a aplicação tenha tentado cumprir os objectivos especificados anteriormente, automatizando o processo de tomada de decisões de um sistema, há muito que ainda precisa de ser melhorado. Em primeiro lugar, apenas alguns dos recursos do sistema foram monitorizados e, como as regras são avaliadas utilizando os recursos do sistema monitorizados como parâmetros e as acções também dependem dos recursos monitorizados, há uma probabilidade de os atacantes poderem explorar outros canais, especialmente com as actividades que não foram monitorizadas e, com isso, ainda obter acesso ao sistema. Isto ajudará a descobrir qualquer ato ilegal contra o sistema e permitirá também tomar uma decisão mais adequada. Além disso, foram feitas poucas restrições ao sistema por motivos de segurança. Recomendo também que, no futuro, se estudem medidas de segurança mais adequadas a tomar quando for identificada qualquer violação. Por exemplo, quando a política indicar um valor "3" para as acções de segurança máxima a tomar, devem ser tomadas medidas de segurança que abordem a causa provável da indicação desse valor. Estas medidas devem ser bem codificadas no programa, para que o sistema se possa reajustar rapidamente, quando necessário.

Além disso, esta aplicação pode ser modificada para funcionar noutros dispositivos, como telemóveis e tablets, no futuro. Esta é uma área que eu gostaria que outros investigadores e eu próprio analisássemos, uma vez que as concentrações têm sido nos sistemas informáticos, enquanto estes outros dispositivos móveis também têm sido muito atacados, o que é muito importante, especialmente agora que as organizações estão a adotar a abordagem "traga o seu próprio dispositivo" (BYOD) nos seus locais de trabalho.

Além disso, em vez de ser enviada uma mensagem de correio eletrónico para o endereço de correio eletrónico do administrador para o alertar do evento, uma melhor opção seria conceber o programa de aplicação de modo a que o administrador fosse alertado por uma chamada de voz automática para o seu telemóvel.

REFERÊNCIAS

1.   Cgi Group (2014), Cybersecurity in Modern Critical Infrastructure Environments. [em linha] Disponível   em: http:///www.cgi.com/sites/default/files/white-papers/cybersecurity-in-modern-critical-infrastructure-environments.pdf [Acedido em 7 dez. 2016].

2.   Brandon, P., Mathew, B. e John, H. (2009). Dynamic policy enforcement in a networked environment (Aplicação dinâmica de políticas num ambiente em rede). Centro de segurança da informação: Universidade de Tulsa.

3.   Pelc, M.(2015), System Administration and Security, nota de aula distribuída no departamento de computação e sistema de informação, universidade de Greenwich. 12 de janeiro de 2015.

4.   Cisco, (2016). *O que é segurança de rede?* [online] Disponível em:

http://www.cisco.com/cisco/web/solutions/small_business/resource_center/articles/secure_my_b usiness/what_is_network_security/index.html [Acedido em 16 Jan. 2016].

5.   Murch, R (2004), Autonomic Computing. Indianápolis: IBM press.

6.   Appleby, K., Calo, S., Giles, J. e Lee, K. (2004). Provisionamento automatizado baseado em políticas. *IBM Syst. J.*, 43(1), pp.121-135.

7.   Huebscher, M. e McCann, J. (2008). Uma análise da computação autónoma - graus, modelos e aplicações. *CSUR*, 40(3), pp.1-28.

8.   Lobo J. (2007), Policy-based computing: from systems and applications to theory. Lecture Notes in Computer Science. Volume 4483, pp 2-2

9.   Agrawal, D., Lee, K. e Lobo, J. (2004). Gestão baseada em políticas de sistemas de computação em rede. Centro de Investigação IBM T. J. Watson.

10.   Colomar.com, (2016). *Visão geral da computação baseada em políticas*. [em linha] Disponível em: http://colomar.com/policy/policy_overview.php [Acedido em 1 jan. 2016].

11.   Anthony, R. (2009). Computação autónoma baseada em políticas com suporte integral para auto-estabilização. *Jornal Internacional de Computação Autónoma*, 1(1), p.1.

12.   Anthony, R. (2009). Uma linguagem de definição de políticas e uma biblioteca de implementação de protótipos para sistemas autónomos baseados em políticas. Terceira Conferência Internacional sobre Computação Autónoma (ICAC), Dublin.

13.   Kephart, J. e Chess, D. (2003). A visão da computação autónoma. *Computer*, 36(1), pp.4150.

14.   Podpora, M. , Kawala-Janik, A., e Pelc, M. (2013). Auto-configuração baseada em políticas de

Entradas de informação de sistemas autónomos. 7ª Conferência Internacional do IEEE sobre Aquisição Inteligente de Dados e Sistemas de Computação Avançada: Tecnologia e Aplicações 12-14 de setembro de 2013, Berlim, Alemanha

15.	Michal P. et al (2013) *Policy-based Self-configuration of Autonomous Systems Information Inputs*. Documento de conferência, Berlim, Alemanha.

16.	Muller, H., O'Brien, L., Klein, M., e Wood, B. (2006), Autonomie computing: software architecture technology. E.U.A.: Carnegie Mellon University.

17.	ZambranoMéndez, L., Rosete Suarez, A. e Diaz Pando, H. (2014). Uma revisão dos modelos e aplicações de computação autónoma. *Revista Internacional de Aplicações Informáticas*, 94(4), pp.14-18.

18.	Kephart, J.O e Walsh, W.E (2004). An Artificial Intelligence Perspective on Autonomic Computing Policies (Uma Perspetiva de Inteligência Artificial sobre Políticas de Computação Autónoma). Actas do Quinto Workshop Internacional do IEEE sobre Políticas para Sistemas e Redes Distribuídos: Yorktown Heights, NY, 7-9 de junho de 2004. Los Alamitos, CA: IEEE Computer Society.

19.	Anthony, R., Pelc, M., Ward, P. e Hawthorne, J. (2008). Dynamically self-configuring automotive system, Agile-lite version 2.0 specification: especificação, manual do utilizador e tutorial. STREP: Universidade de Greenwich

REFERÊNCIAS DE FIGURAS

Figure 1:	http://www.ibmpressbooks.com/articles/article.asp?p=361809

Figure 2:	www.research.ibm.com/journal/sj/431/appleby.html

Figure 4:	http://research.ijcaonline.org/volume94/number4/pxc3895605.pdf

Figure 5:	https://www.centos.Org/docs/5/html/Deployment Guide-en-US/ch-selinux.html

Figure 6:	https://www.centos.org/docs/5/html/Deployment Guide-en-US/ch-selinux.html

BIBLIOGRAFIA

Augastine, P. (2007). *Cyber security.* Nova Deli: Crescent Pub. Corp.

Bayuk, J. (2012). *Cybersecuritypolicy guidebook.* Hoboken, N.J.: Wiley.

College, U. (2016). *Dez maneiras pelas quais a tecnologia em evolução afeta a segurança cibernética / Utica College Online.* [online] Programs.online.utica.edu. Disponível em: http://programs.online.utica.edu/articles/ten-ways-evolving- technology-affects-cybersecurity-0321.asp [Acedido em 16Jan. 2016].

Leiden, C. e Collings, T. (2001). *LinuxBible.* Nova Iorque: Hungry Minds.

Mayer, F., MacMillan, K. e Caplan, D. (2006). *SELinux por exemplo.* Upper Saddle River, N.J.: Prentice Hall.

Equipa, T. (2014). *Red Hat Magazine / Um guia passo-a-passo para construir um novo módulo de política SELinux.* [online] Magazine.redhat.com. Disponível em: http://magazine.redhat.com/2007/08/21/ [Acedido em 17 jan. 2016].

Turnbull, J., Lieverdink, P. e Matotek, D. (2009). *Pro Linuxsystem administration.* Berkeley, CA: Apress.

Vermeulen, S. (2013). *SELinuxPolicyAdministration.* Birmingham: Packt Publishing.

Vermeulen, S. (2014). *SELinuxCookbook.* Packt Publishing.

Voeller, J. (2014). *Cyber Security.* Wiley.

Weaver, P. (2004). *Success in yourproject.* Harlow, Inglaterra: Prentice Hall Financial Times.

Yixin Diao, Hellerstein, J., Parekh, S., Griffith, R., Kaiser, G. e Phung, D. (2005). Uma base teórica de controlo para sistemas de computação autogeridos. *IEEEJ. Select. Areas Commun.*, 23(12), pp.2213-2222.

ZambranoMéndez, L., Rosete Suarez, A. e Diaz Pando, H. (2014). Uma revisão dos modelos e aplicações de computação autónoma. *InternationalJournalofComputerApplications*, 94(4), pp.14-18.

APÊNDICE A

O código fonte do programa C (main1.c)

```c
#include "API.h"

#include "APP.h"

#include <stdio.h>

#include <stdlib.h>

int principal()

{

char *retval;

struct DPoint *dp1=NULL;

char **ValidOutputList = NULL;

int err,i;

struct timeval start,stop,elapsed;

tempo duplo;

char *PolicyFileAsString=NULL;

int (*LoadPolicyFromFile)(struct DPoint *,char *);

int (*ReadScript)(char*,char*);

char* (*EvaluatePolicySuite)(struct DPoint *);

char **(*AddValidOutputToList)(char **,char *);

char **(*ClearValidOutputList)(char **);

int (*AssignEVariable)(struct DPoint *,char *,char *);

int (*ReadOVariable)(struct DPoint *,char *);

int (*LoadTemplate)(struct DPoint *);

struct DPoint* (*CreateDP)(struct DPoint*,char *,int,char*, ...);

struct DPoint* (*CreateDPWrap)(struct DPoint*,char *,int,char *,char**);

struct DPoint* (*SelectDP)(struct DPoint*);

struct DPoint* (*DeleteDP)(struct DPoint*);
```

```c
void *handle = dlopen("lib_agile-lite.so",RTLD_LAZY);

LoadPolicyFromFile = dlsym(handle, "LoadPolicyFromFile");

ReadScript = dlsym(handle, "ReadScript");

AddValidOutputToList = dlsym(handle, "AddValidOutputToList");

ClearValidOutputList = dlsym(handle, "ClearValidOutputList");

EvaluatePolicySuite = dlsym(handle, "EvaluatePolicySuite");

AssignEVariable = dlsym(handle, "AssignEVariable");

ReadOVariable = dlsym(handle, "ReadOVariable");

LoadTemplate = dlsym(handle, "LoadTemplate");

CreateDP = dlsym(handle, "CreateDP");

CreateDPWrap = dlsym(handle, "CreateDPWrap");

SelectDP = dlsym(handle, "SelectDP");

DeleteDP = dlsym(handle, "DeleteDP");

/

para (;;) {

printf(" --------------------------- \n");

ValidOutputList = AddValidOutputToList(ValidOutputList, "1");

ValidOutputList = AddValidOutputToList(ValidOutputList, "2");

dp1 = (*CreateDPWrap)(dp1, "dp1", "1",ValidOutputList);

dp2 = (*CreateDPWrap)(dp2, "dp2", "1",ValidOutputList);

LoadPolicyFromFile(dp1, "temp.xml");

LoadPolicyFromFile(dp2, "temp_new.xml");

ValidOutputList = ClearValidOutputList(ValidOutputList);

dp2 = DeleteDP(dp2);

dp1 = DeleteDP(dp1); }

ValidOutputList = AddValidOutputToList(ValidOutputList, "1");

ValidOutputList = AddValidOutputToList(ValidOutputList, "2");
```

ValidOutputList = AddValidOutputToList(ValidOutputList, "3");

dp1 = (*CreateDPWrap)(dp1, "dp1",(int)AGILE_DP, "1",ValidOutputList);

ValidOutputList = ClearValidOutputList(ValidOutputList);

se (err = (*LoadPolicyFromFile)(dp1, "mypolicy.xml"))

printf("Falha no carregamento da política para DP[%s] <código_de_erro: %d>\n",dp1->DP_ID,err);

//usar comando do sistema para monitorar alguns processos do sistema, canalizar as saídas para arquivos

system("id -u > ./currentuserfile");

system("cat /sys/class/net/eth0/statistics/rx_packets > ./file_pktrx");

system("cat /sys/class/net/eth0/statistics/tx_packets > ./file_pkttx");

system("ps -AL --no-headers | wc -l > ./runproc_file");

system("ps aux --sort +start_time | tail -n 4 | awk 'NR==1{print $2 " "}' >./file_pid");

system("cat /proc/uptime >./file_cpuuptime");

system("cat /proc/uptime | awk 'NR==1{print $2 " "}' >./file_cpuidletime");

sistema ("getenforce > ./selinuxstatus_file");

system("cat /proc/loadavg |awk 'NR==1{print $2 " "}'> ./file_cpuload");

system("cat /proc/meminfo | grep Active: | awk '{print $2}' > ./file_usedmemory");

system("cat /proc/meminfo | grep MemTotal: | awk '{print $2}' > ./file_totalmemory");

system("grep SwapTotal /proc/meminfo | awk 'NR==1{imprimir $2 " "}'> ./file_swapmemory");

FILE *file; // declarar ficheiro como tipo FILE

//abrir o ficheiro currentuserfile para obter o id do utilizador atual do sistema

file = fopen("./currentuserfile", "r");

char *currentUser_id = calloc(256,sizeof(char));

fgets(currentUser_id,256,file);

currentUser[strlen(currentUser)-1]= '/0';

fclose(file); //fechar o ficheiro

//abrir ficheiros_pktrx e ficheiro_pkttx para ler dados (pkts enviados e recebidos através da interface

```c
eth0)
file = fopen("./file_pktrx", "r");
char *pktrx = calloc(256,sizeof(char));
fgets(pktrx,256,ficheiro);
pktrx[strlen(pktrx)-1]= '/0';
fclose(ficheiro);
file = fopen("./file_pkttx", "r");
char *pkttx = calloc(256,sizeof(char));
fgets(pkttx,256,ficheiro);
pkttx[strlen(pkttx)-1]= '/0';
fclose(ficheiro);
// abrir file_pid
file = fopen("./file_pid", "r");
char *pid = calloc(256,sizeof(char));
fgets(pid,256,ficheiro);
pid[strlen(pid)-1]= '/0';
fclose(file);//encerrar file_pid
//abrir ficheiro para obter o estado atual do selinux
file = fopen("./selinuxstatus_file", "r");
char *selstatus = calloc(256,sizeof(char));
fgets(selstatus,256,ficheiro);
selstatus[strlen(selstatus)-1]= '/0';
fclose(ficheiro);
//abrir e ler o conteúdo do ficheiro runproc_file
file = fopen("./runproc_file", "r");
char *runproc = calloc(256,sizeof(char));
fgets(runproc,256,ficheiro);
```

```c
runproc[strlen(runproc)-1]= '/0';

fclose(ficheiro);

//abrir ficheiro_cpuidletime para ler

file = fopen("./file_cpuidletime", "r");

char *cpuidle = calloc(256,sizeof(char));

fgets(cpuidle,256, ficheiro);

cpuidle[strlen(cpuidle)-1]= '/0';

fclose(ficheiro);

//abrir ficheiro_cpuload para ler o seu conteúdo

file = fopen("./file_cpuload", "r");

char *cpuload5min = calloc(256,sizeof(char));

fgets(cpuload5min,256,ficheiro);

cpuload5min[strlen(cpuload5min)-1]= '/0';

fclose(ficheiro);

file = fopen("./file_usedmemory", "r");// abrir file_used memory para ler o seu conteúdo

char *usedmemory = calloc(256,sizeof(char));

fgets(usedmemory,256,file);

usedmemory[strlen(usedmemory)-1]= '/0';

fclose(file);//fechar o ficheiro

file = fopen("./file_swapmemory", "r");// abrir file_swapmemory para ler o seu conteúdo

char *swapmemory = calloc(256,sizeof(char));

fgets(swapmemory,256, ficheiro);

swapmemory[strlen(swapmemory)-1]= '/0';

fclose(file); //fechar o ficheiro

//abrir ficheiro_cpuuptime e ler valores do ficheiro

file = fopen("./file_cpuuptime", "r");// abrir file_cpuuptime para ler o seu conteúdo

char *cpuup = calloc(256,sizeof(char));
```

```c
fgets(cpuup,256,ficheiro);

cpuup[strlen(cpuup)-1]= '/0';

fclose(file); //fechar o ficheiro

//imprimir os resultados dos processos do sistema monitorizado

printf("O ID do utilizador com sessão iniciada atualmente: %s",currentUser_id);

printf("O número de pkts recebidos pela interface eth0: %s",pktrx);

printf("O número de pkts transmitidos pela interface eth0: %s",pkttx);

printf("O número de processos em execução no servidor:%s",runproc);

printf("O tempo de atividade da CPU do servidor(segs):%s",cpuup);

printf("A quantidade de tempo gasto em processos inactivos:%s",cpuidle);

printf("A carga média no servidor nos últimos 5 minutos:%s",cpuload5min);

printf("O valor da memória utilizada é:%s",usedmemory);

printf("O valor da memória swap total (KB):%s",swapmemory);

printf("O PID do último processo em execução:%s",pid);

printf("O estado do SELINUX é:%s\n",selstatus);

//conversão de valor float para string (ainda não está a funcionar corretamente, dá um erro,
comentado, revisto mais tarde)

/* char* str = new char[20];

sprintf(str, "%6.2f", cpuup );

*/

//Atribuição de valores a Evariables

(*AssignEVariable)(dp1, "PacketsReceived",pktrx);

(*AssignEVariable)(dp1, "PacketsSent",pkttx);

(*AssignEVariable)(dp1, "currentUser",currentUser_id);

(*AssignEVariable)(dp1, "totalproc",runproc);

(*AssignEVariable)(dp1, "cpuuptime",cpuup);

(*AssignEVariable)(dp1, "cpuidletime",cpuidle);
```

```c
(*AssignEVariable)(dp1, "cpuload",cpuload5min);

(*AssignEVariable)(dp1, "memoryused",usedmemory);

(*AssignEVariable)(dp1, "swapmemory",swapmemory);

(*AssignEVariable)(dp1, "procid",pid);

(*AssignEVariable)(dp1, "selinuxstatus",selstatus);

// libertar a memória

free(currentUser_id);

free(runproc);

free(usedmemory);

free(swapmemory);

free(cpuidle);

livre(cpuload5min);

free(pktrx);

free(pkttx);

free(pid);

free(selstatus);

// for (i = 0;i < 4;i++) {

get_clock(&start);

retval = (*EvaluatePolicySuite)(dp1);

// printf("%d\n",i);

//sleep(2);

get_clock(&stop);

time = timeval_subtract(&elapsed,&start,&stop);

printf("%f\n",tempo);

printf("DP:<%s> valor de retorno -->%s\n",dp1->DP_ID,retval);

//tomar decisões com base no valor devolvido(retval)

se (retval=3) {
```

```c
printf("A configuração de segurança máxima será aplicada\n");

printf("O pedido ICMP de entrada é negado\n");

printf("O pedido ICMP de reencaminhamento caiu\n");

printf("A ligação FTP de entrada está bloqueada\n");

printf("a ligação FTP de saída está bloqueada\n");

printf("O pedido TELNET de entrada foi recusado\n");

printf("O tráfego SSH de entrada é eliminado");

printf("A ligação de saída para o facebook está bloqueada\n");

printf("A ligação de saída para o yahoo está bloqueada\n");

//implementação da segurança necessária

system("iptables -A INPUT -p icmp --icmp-type echo-request -j REJECT");//bloquear pedidos de ping ICMP recebidos

system("iptables -A OUTPUT -p icmp --icmp-type echo-request -j DROP");//bloquear pedidos de ping de saída

//Alertar o administrador

sistema("cat /home/amaka/Email_List.txt");

system("{ cat /home/amaka/Email_List.txt; echo; echo ""Servidor em risco""; } | mailx -t ");

}

senão {

printf("A configuração de segurança média será aplicada\n");

system("iptables -A OUTPUT -p icmp --icmp-type echo-request -j ACCEPT");//Permite pedidos de ping de saída

system("iptables -A INPUT -p icmp --icmp-type echo-reply -j ACCEPT");

system("iptables -A INPUT -p icmp --icmp-type echo-request -j ACCEPT");//Permite a entrada de pedidos de ping

system("iptables -A OUTPUT -p icmp --icmp-type echo-reply -j ACCEPT");

}

se (dp1->ErrorFlag != 0)
```

```c
printf("Valor por defeito devolvido. Código de erro <%d>\n",dp1->ErrorFlag);

printf("Lista de contexto para DP[%s]: \n",dp1->DP_ID);

for (i = 0;i < dp1->ContextItems;i++)

printf("\t%s\n",dp1->ContextList[i]);

(*DeleteDP)(dp1);

retorno(0);

}
```

APÊNDICE B

O script de política para mypolicy.xml

```xml
<!-- Ficheiro XML de definição de política: Linguagem da política versão 1.2 -->
<!-- Aplicação: Packets Trace -->
<PolicySuite PolicyType="Monitorização de Recursos">
<Variáveis de ambiente>
<EVariable Name="PacketsReceived" Type="long"/>
<EVariable Name="PacketsSent" Type="long"/>
<EVariable Name="totalproc" Type="long"/>
<EVariable Name="currentUser" Type="long"/>
<EVariable Name="cpuuptime" Type="long"/>
<EVariable Name="cpuidletime" Type="long"/>
<EVariable Name="cpuload" Type="long"/>
<EVariable Name="memoryused" Type="long"/>
<EVariable Name="swapmemory" Type="long"/>
<EVariable Name="procid" Type="long"/>
<EVariable Name="selinuxstatus" Type="long"/>
</Variáveis de ambiente>
<Variáveis internas>
<IVariable Name="MaxReceived" Type="long"/>
<IVariable Name="MaxSent" Type="long"/>
<IVariable Name="Maxrunproc" Type="long"/>
<IVariable Name="legalUser" Type="long"/>
<IVariable Name="Maxcpuuptime" Type="long"/>
<IVariable Name="Maxcpuidletime" Type="long"/>
<IVariable Name="Maxcpuload" Type="long"/>
<IVariable Name="Maxmemoryused" Type="long"/>
```

```xml
<IVariable Name="Maxswapmemory" Type="long"/>
<IVariable Name="Maxprocid" Type="long"/>
<IVariable Name="selinuxstatusup" Type="long"/>
</InternalVariables>
<Templates>
<Template Name="T1">
<Assign Variable="MaxReceived" Value="400"/>
<Assign Variable="MaxSent" Value="40000"/>
<Assign Variable="Maxrunproc" Value="500"/>
<Assign Variable="legalUser" Value="0"/>
<Assign Variable="Maxcpuuptime" Value=""/>
<Assign Variable="Maxcpuidletime" Value=""/>
<Assign Variable="Maxload" Value=""/>
<Assign Variable="Maxmemoryused" Value=""/>
<Assign Variable="Maxswapmemory" Value=""/>
<Assign Variable="Maxprocid" Value=""/>
<Assign Variable="selinuxstatusup" Value="1"/>
</Template>
</Templates>
<ReturnValues>
<ReturnValue Name="MinimumSecurity" Value="1"/>
<ReturnValue Name="MediumSecurity" Value="2"/>
<ReturnValue Name="MaximumSecurity" Value="3"/>
</ReturnValues>
<Acções>
<Action Name=CheckPackets
<EvaluateRule Rule="PacketsCheck"/>
```

```xml
</Ação>
<Action Name="CheckProc">
<EvaluateRule Rule="procCheck"/>
</Ação>
<Action Name="CheckUser">
<EvaluateRule Rule="userCheck"/>
</Ação>
<Action Name="CheckCpu">
<EvaluateRule Rule="cpuCheck"/>
</Ação>
<Action Name="CheckMemory">
<EvaluateRule Rule="memoryCheck"/>
</Ação>
<Action Name="Checkselinuxstat">
<EvaluateRule Rule="selinuxstatCheck"/>
</Ação>
<Action Name="MinimumSecurityAction">
<Return ReturnValue="MinimumSecurity"/>
</Ação>
<Action Name="MediumSecurityAction">
<Return ReturnValue="MediumSecurity"/>
</Ação>
<Action Name="MaximumSecurityAction">
<Return ReturnValue="MaximumSecurity"/>
</Ação>
</Acções>
<Regras>
```

```xml
<Rule Name="PacketsCheck" LHS="PacketsReceived" Op="LT" RHS="MaxReceived"
LOp="AND" LH2="PacketsSent" Op2="LT" RH2="MaxSent"
ActionIfTrue="MinimumSecurityAction"
ElseAction="CheckProc"/>
<Regras>
<Rule Name="procCheck" LHS="totalproc" Op="LT" RHS="Maxrunproc"
ActionIfTrue="MinimumSecurityAction" ElseAction="CheckUser"/>
<Rule Name="userCheck" LHS="currentUser" Op="EQ" RHS="legalUser"
ActionIfTrue="MinimumSecurityAction" ElseAction="CheckCpu"/>
<Rule Name="cpuCheck" LHS="cpuuptime" Op="LT" RHS="Maxcpuuptime" LOp="AND"
LH2="cpuload" Op2="LT" RH2="Maxcpuload" ActionIfTrue="MediumSecurityAction"
ElseAction="CheckMemory"/>
<Rule Name="memoryCheck" LHS="memoryused" Op="LT" RHS="Maxmemoryused"
LOp="AND" LH2="swapmemory" Op2="LT" RH2="Maxswapmemory"
ActionIfTrue="MediumSecurityAction" ElseAction="Checkselinuxstat"/>
<Rule Name="selinuxstatCheck" LHS="selinustatus" Op="EQ" RHS="selinuxstatusup"
ActionIfTrue="MinimumSecurityAction" ElseAction="MaximumSecurityAction"/>
</Regras>
<Políticas>
<Policy Name="Policy1" PolicyType="NormalPolicy">
<Load Template="T1"/>
<Execute Action="CheckPackets"/>
</Política>
</Políticas>
</PolicySuite>
```

I want morebooks!

Buy your books fast and straightforward online - at one of world's fastest growing online book stores! Environmentally sound due to Print-on-Demand technologies.

Buy your books online at
www.morebooks.shop

Compre os seus livros mais rápido e diretamente na internet, em uma das livrarias on-line com o maior crescimento no mundo! Produção que protege o meio ambiente através das tecnologias de impressão sob demanda.

Compre os seus livros on-line em
www.morebooks.shop

Printed by Books on Demand GmbH, Norderstedt / Germany